U0056233

牛頓的萬有引力
從蘋果掉落啟發了運動定律

朴柱美 著　李恩周 繪　高俊台 監修　游芯歆 譯

目次

第1章
去牛頓實驗室的棒球少年

夢想成為全壘打王的8號打者

　　喔、喔、喔，飛出去了！觀眾們的目光也追隨畫著半圓形軌跡飛出去的球。我舉起雙手開始跑，踩到一壘，穿過二壘，再穿過三壘，雙腳併攏「砰！」的一聲用力跳上本壘包。如果問我打出全壘打後跑壘的感覺如何？那就是不用擔心會被抓到而跑得提心吊膽，這裡就像專屬我的棒球場一樣，可以從容不迫地盡情奔跑。我們隊上的球員們都等著迎接我，當我正想跑向球員休息區時，卻被裁判抓住了我的脖子。

　　「你這小子在做什麼？是界外球啦！」

啊，原來是夢呀⋯⋯。

我今天又做了擊出全壘打的夢，但要是裁判沒有出現的話，心情應該會更好，太可惜了！真希望能夢到在球員休息區和我們隊上的球員們啪啪擊掌！最好可以連球隊學長們拍我屁股慶祝的場景都出現！那樣的話，真的就是一個完美無缺的夢了。

這也難怪我會覺得今天的練習賽也沒什麼看頭的樣子。

沒錯，我就是那種只有在夢裡才能擊出全壘打的打者——8號打者。

加入藍熊兒童棒球隊已經快一年了，但訓練時還是經常被教練罵。即便是在一個月1次和其他球隊的較量當中，別說敲出全壘打了，連安打的次數都屈指可數。

為了加入藍熊兒童棒球隊，我誠心誠意求了媽媽一年多。

「媽媽，我就算加入棒球隊也會好好用功的。」

「媽媽，我加入棒球隊的話，零用錢少給一點也沒關係。」

「媽媽，我加入棒球隊的話，就不跟基東打架，會多多陪他玩。」

「媽媽，我加入棒球隊的話，玩遊戲的時間也會減少。」

我向媽媽做出了十多個承諾之後，好不容易才加入了棒球隊，但實力卻沒有進步多少。

媽媽有時候也真的很討厭，不要說安慰了，反而經常用「看好戲」的語氣對我說：

「勳東呀，你打球也沒有進步多少，還每天汗流浹背的，何必那麼辛苦呢？你也知道爸爸跟媽媽都是運動神經遲鈍的人，所以如果基因沒有突變的話，你天生就沒有高人一等的運動神經。」

可惡，等著瞧！我下定決心一定要讓媽媽看到我棒球打得很好的樣子。所以上個月數學補習班的課我都翹掉了，跑去練習棒球，但卻被媽媽發現，結果只好作罷。

媽媽的反擊

「金、勳、東！！！」

那天媽媽發現我沒去補習班上課，吼得好大聲，房子都快被震飛了。然後她要我不要再打棒球了，訓了我一個多小時。

總而言之她講的理由就是：第一，會忽略了功課。她說的沒錯，因為棒球比學習要有趣得多，所以當然會變成這樣啊。

第二，打棒球會長不高。說的好像也沒有錯？不知道是不是我幾乎每天都出去運動，所以沒長多少肉，個子也幾乎沒長高。

第三，如果中途放棄或是實力不夠出眾的話，不上不下的會很難決定未來的發展方向。事實上，雖然這點也沒有說錯，但現在就擔心這種事情，未免也太早了一點。

第四，媽媽有時候也會來看棒球比賽，但我卻連一支安打都打不出來，垂頭喪氣的模樣，讓她看了也會心疼。雖然沒打好我自己的心情也會不好，但我相信只要多多努力，有一天我一定會打得更好、迎來掌聲，所以也不一定有多辛苦。

所以，我努力解釋著自己為什麼不能放棄棒球的原因：

「媽媽，我喜歡棒球。如果能去讀有棒球隊的中學當然很好，但也不是一定得去有球隊的學校；如果能以很高的年薪進職業球團也不錯，但進不去也無所謂；就算我之後不是每次都能擊出全壘打的全壘打王牌打者也無所謂、就算不是能投出讓打者們瑟瑟發抖的快速球金手套投手也沒關係。我就是喜歡棒球！」

媽媽沉下聲來用柔和的聲音問我：

「勳東呀，那你為什麼喜歡棒球呢？」

我慢慢地說出自己的想法：

「媽媽，跟妳說喔，只要站在打擊位置上我就

會很開心。雖然只是一下子，但我就覺得自己成了這個世界的主角。投手的腦中只顧慮著我、野手們也只看著我的球棒。就算沒能擊出安打、就算沒能擊出全壘打，但我真的無所謂。我揮棒擊球，內、外野手們接住飛來的球再投出去，跑壘的人快速奔跑著……，這所有的過程都非常、非常地有趣，每次打棒球的時候我都不知道有多快樂。媽媽，妳能不能

再多給我一些時間呢？」

　　一旁的弟弟基東也看不下去了，拉著媽媽的衣服說：

　　「媽媽，就讓哥哥打棒球吧，嗯？」

　　沉默地聽了好一陣子的媽媽說：

　　「好吧，那就讓你打到這個學期為止。可是，如果你進步得太慢，或是疏忽了媽媽要你做的功課，那就真的得放棄棒球了，知道了嗎？」

　　說著說著，媽媽又連忙說不然再去報名一門課後班吧。她雖然想讓我去上數學課，但數學課已經額滿了，媽媽只好惋惜地建議我去上還有學生名額的科學課。

　　「勳東呀，你不是科學念得不好嗎？數學還有爸爸媽媽可以教你，那麼你就去上科學課吧。記得上課的那一天就不可以去練習棒球喔！」

　　於是，我就開始去名為「英才科學B__牛頓實驗室」的課後班上課。

進入牛頓實驗室

　　今天是「牛頓實驗室」的第一堂課，這個時間藍熊隊的隊友們應該很開心地在練習傳接球吧，而我卻要上這個無聊的科學課！

　　一打開教室門，就看到9個小朋友稀稀落落地在教室內坐著。

　　我找了個空位坐下，拿出棒球用單手俐落地旋轉它，還做出了投球的手勢。

　　這時，教室門打開，老師走了進來。哇，不論是在學校還是補習班上課，我第一次見到外貌這麼獨特的老師！一頭垂肩的捲髮，不知道是天生的，還是

燙出來的？瘦弱的身材、尖挺的鼻子和蒼白的臉色，看起來就像動畫電影裡的科學家一樣。

「同學們，大家好！」

老師打完初次見面的招呼之後，有點害羞似地垂下眼睛看著講桌。然後又抬起頭來，看著我們說：

「你們聽過一位名叫『艾薩克‧牛頓』的科學家嗎？不知道是不是命中注定，老師的名字和那位科學家很相似，就叫『金薩克』喔。呵呵！」

老師說完名字後，不知道有什麼好害羞的，整張臉都紅了起來。

我有聽過「牛頓」這個名字，大概是從偉人全集裡面看到的，但詳細內容不太記得了。

這時，我原本拿在手裡的棒球砰的一聲掉到教室地板上。老師和同學們都看著我的球，棒球轉阿轉地滾到了老師面前，老師撿起棒球說：

「那麼，球為什麼會掉下來呢？掉下來的球又為什麼滾著滾著就停下來了呢？」

說什麼「球為什麼會掉下來？」手一鬆開球就

掉下來了啊，還會有其他理由嗎？教室內的我們都
是一頭霧水的表情。

　　「牛頓呀，就是一位從科學上闡明球為什麼會
掉下去的科學家。」

噴，科學家是不是太無聊了，東西扔出去後會掉下來，這是連1歲嬰兒也知道的事情吧？幾天前我親眼看到阿姨1歲大的女兒瑞珠，吃飯的時候故意把湯匙弄掉，還覺得很好玩的樣子。那麼理所當然的事情有什麼需要特地去搞清楚的？

　　我不知不覺間將雙手抱在胸前聽課，真想趕緊去練習傳接球。我多麼喜歡看到自己投出去的球滑順飛出去的樣子……，而當球落進我的手套裡、發出「啪」的聲音，又是多麼動聽呢！放學後居然還得坐在教室裡，我不禁開始想念起棒球了。

牛頓的童年

　　不知道老師有沒有感覺到我們的無聊，他用平穩的聲音繼續講述牛頓的故事。

　　「牛頓是比我們更早出生的科學家，有誰能說出牛頓是在哪一年出生的，數字最接近的同學，我送他一個禮物。」

　　面對老師的提問，同學們終於露出了笑容，小心翼翼地回答。

　　老師從坐在第一排的同學開始，讓大家按照順序回答，然後把同學們說的數字寫在黑板上。

　　「嗯，1988年嗎？」

「352年。」

「1080年。」

「1500年。」

9名同學全都回答了，最後輪到我。我看著黑板上的數字，隨便說了一個沒有重複的數字。

「1650年。」

我剛說完，老師的嘴角就微微地翹起來。他把我說的數字圈起來，鼓掌說：

「科學家牛頓生於1642年哦，回答1650年的同學，請問你叫什麼名字？」

「金勳東！」

還以為沒什麼大不了的，但突然間受到眾人的注目，我的臉一下子紅了起來。

老師拿著小紙盒走到我面前，從盒子裡拿出一個玻璃做的三角柱形狀的東西，放在桌子上。

「勳東，這是禮物，叫做三稜鏡，也是牛頓喜歡的東西。」

我低聲說著謝謝，小心翼翼地摸著三稜鏡，它

堅硬、光滑、有稜有角，和握著棒球時的感覺完全不一樣。

　　老師走回教室前面，在顯示器上放映出牛頓的頭像。

　　「哇！」

包括我在內的同學們全都張大了嘴，因為金薩克老師的模樣和牛頓太像了。老師哈哈大笑，彷彿早就猜到了同學們的反應。

　　「你們呀要感到榮幸，可以和長相、名字都類似牛頓的老師一起上課。」

　　然後用比剛才更高一點的聲音，開始講述牛頓的童年：

　　「牛頓出生在英國的鄉下村莊，因為他是一位有名的科學家，所以大家應該會認為他是從小就聰明伶俐、父母親也很用心地教育他，對吧？可惜完全不是這麼回事。牛頓沒辦法和父母一起生活，是一個孤苦伶仃的人。」

　　牛頓孤苦伶仃？不知道為什麼，我慢慢產生了興趣。

　　「牛頓出生在貧窮的農家，在牛頓出生前父親就去世了，母親在懷孕8個月的時候生下牛頓。原本小嬰兒應該在媽媽肚子裡待10個月才對，但他提早了2個月出生。所以，據說在牛頓剛出生時，小到可

以放進茶壺裡。」

啊，怎麼會這樣！我對牛頓的故事感到興趣，因為我也是不滿10個月就出生、待在保溫箱裡，這件事我聽得耳朵都要長繭了。雖然自己一點記憶也沒有，但媽媽每次提到這件事就會兩眼淚汪汪的。

老師繼續講著牛頓的童年故事：

「牛頓的母親把幼小的牛頓交給外婆之後，就和年邁的牧師結婚了。牛頓14歲時，他的母親又回到家裡。雖然牧師死後留下了很多錢，但他母親並不想讓牛頓去上學，她希望牛頓學習農場的工作，幫她賺更多的錢。不過在牛頓強烈的堅持之下，最後他去了劍橋大學念書。」

老師又多講了一些牛頓的童年故事，尤其是性格孤僻的牛頓在和同學們打架之後開始努力用功的故事，引起了我們所有人的興趣。剛開始上課的時候，我一直在看時間，希望能趕快下課，沒想到課堂這麼快就結束了。老師闔上書本說：

「第一堂課不曉得大家感覺如何，你們之中只

要有1個人退選的話，這門課就會取消，大家都知道這件事吧？哈哈，牛頓雖然是一個老頑固，但他有許多有趣的發現。你們想不想知道他有哪些有趣的發現呢？我們下週再見吧！」

　　一下課，我急急忙忙跑去隊友們練習傳接球的地方。在練習傳接球的過程中，我的心在希望課程取消和不希望取消之間搖擺不定。

牛頓從小就與母親分居、各自生活，因此他非常思念母親。但他同時卻也非常痛恨母親，甚至希望母親和牧師居住的房子最好被火燒掉算了，說不定牛頓就是以觀察和實驗來克服這些心中的孤獨和憤怒。

牛頓看到外婆每天都要餵雞喝水，似乎覺得這一件事很討厭的樣子，於是就在大水桶上鑽出1個小孔，然後在桶裡裝滿水，在小孔下方放1個碗，讓水一滴滴落在碗裡。同時，牛頓還在水桶上畫刻度測量落下的水量，以便計算時間。

等到牛頓進了學校以後，他沒有和同學們打成一片，而是一個人認真地觀察自然現象以及萬事萬物，他的心中充滿了好奇。這樣的好奇心催生了各種發明，譬如牛頓利用影子製造出日晷，還製造了風車。

第2章

今天的實驗室
是操場

蘋果會掉到哪裡去？

　　課後班的課程沒有取消，依然繼續開課。雖然開不成的話，自己可以有更多時間練習棒球，但似乎練不練習也沒有太多差別的樣子。

　　今天是第二堂課，老師帶我們出去戶外，到了操場旁邊花壇中種植的野生酸蘋果樹下，說這邊就是今天的實驗室。

　　酸蘋果樹上結滿小小的紅色果實，老師彎著腰站在一根果實累累的樹枝下。為什麼要站得這麼彆扭地講課呢，太搞笑了。

　　「知道世界上最有名的蘋果是什麼嗎？」

藝斌回答老師的問題說：

「白雪公主吃的毒蘋果！」

剛說完，老師就哈哈大笑說：

「啊哈，白雪公主的毒蘋果當然也很有名，但是聽說牛頓的蘋果和白雪公主的蘋果一樣有名。當牛頓在劍橋大學上學的時候，英國爆發了一種名叫『鼠疫』的可怕傳染病，所以大學也不得不暫時關閉。於是牛頓回到故鄉的家中，每天都在讀書、研究以及做做實驗來消磨時間。在這樣的生活中，有一天當牛頓坐在蘋果樹下時，蘋果啪的一聲掉了下來。好，在這裡我要問你們一個問題，當我們看到蘋果掉下來時，會產生什樣的疑惑呢？」

同學們認真地想了想說：

「蘋果爛掉了嗎？」

「蘋果是不是被鳥撞了一下才掉下來的？」

「這個蘋果要連皮吃，還是削皮吃？」

「要做蘋果醬，還是打蘋果汁？」

老師莞爾一笑說：

「沒錯，肯定也有這樣的疑問。不過，牛頓呀，他就因此而疑惑著『為什麼會往下掉呢？』他很好奇物體為什麼不是從下往上，而是從上往下掉。勳東，你覺得蘋果為什麼會往下掉？」

老師突然問我，我支支吾吾地回答不出來。

「這雖然是一個理所當然的事情，但如果問為什麼的話，就很難回答，對吧？究竟為什麼會掉下來呢？對物體掉下來感到好奇，這個念頭本身就很奇怪吧？但是牛頓卻對這個世界出現後一直被視為理所當然的現象產生了懷疑，想要嘗試找出其中的答案來。在你們眼中，有沒有什麼現象是現在看起來不一樣的？有沒有看到一些你原本覺得是理所當然，但卻似乎並非那樣子的事情？給你們一點時間，好好觀察周圍，然後各自提出1個問題。」

我們在酸蘋果樹周圍走來走去，觀察各種事物。看看天空、看看地上、看看土壤、看看樹木……。過了大約10分鐘後，老師又把我們叫了回來。

「大家有想要知道的事情嗎？洙仁，有沒有想

問的呢？」

洙仁紅著臉結結巴巴地說：

「嗯……，就是那個啦，我很好奇泥土為什麼是大便色？」

同學們哄堂大笑，老師也笑了起來，但還是很認真地回答：

「嗯，問得好！這麼看來，大部分泥土的顏色還真的很像大便！大便和泥土有什麼共同點嗎？如果從這裡開始深入研究的話，說不定就會有重大的發現。好，接下來是鎮浩，鎮浩對什麼感到好奇？」

鎮浩仰著臉說：

「風為什麼看不見？」

陸續有幾個同學說了自己感到好奇的事情，然後就輪到我了。

「勳東好奇的是什麼？」

「嗯，我呀，我想知道如果棒球和蘋果從同一個高度落下來，哪一個會先掉到地上？」

老師誇獎我們的提問都是好問題，並且說擁有

這樣的好奇心就是進行科學思考的第一步。

老師抬頭看著結在酸蘋果樹上的果實說：

「哦，話說回來，為什麼酸蘋果不會掉下來呢？在人生有著所謂時機的說法，大概就是時機不對，老師才沒能成為有名的科學家吧，哈哈！」

　　是的，時機很重要。即便是用球棒擊打投手投出的球時，如果時機不對的話，也是白費力氣，不是難看地揮棒落空，就是打偏了。我也和老師一樣，算是一個沒能掌握好時機的平凡打者。

　　老師抓著樹枝搖晃，想讓酸蘋果掉落下來。這麼一來，原本停在樹枝上的小鳥都撲著翅膀飛了起來。而且小鳥飛起的時候，還把白色的鳥大便啪地大在老師肩膀上才飛走。

　　「唉唷，怎麼會這樣啦！想搖下來的酸蘋果沒掉下來，反而是大便掉了下來。算了，反正掉下來了就掉下來吧。」

　　老師揮手向小鳥道別，他的搞笑行為也逗笑了我們。

　　老師要我們回家想想蘋果為什麼會掉下來，就結束了這堂課。

牛頓蘋果樹

牛頓有個非常著名的逸事，他看到從蘋果樹上掉下來的蘋果後發現「萬有引力」，也就是帶有質量的所有物體都具有互相吸引的力量。牛頓曾經向幾個人闡述萬有引力定律，並說他是從蘋果得到了啟發，但是據說卻從來沒有用文字留下蘋果真的啪地掉下來的紀錄。

即使如此，後人還是想親眼看看牛頓的蘋果樹，於是現在世界各地都有從英國牛頓故居中的蘋果樹截枝後嫁接栽種的樹木。

韓國也有1棵牛頓蘋果樹，韓國標準科學研究院在1978年獲得美國贈送的第三代牛頓蘋果樹。據說第一次獲贈的蘋果樹全部枯死，而那些蘋果樹嫁接培植的第四代蘋果樹還留在韓國標準科學研究院中。這些第四代蘋果樹在韓國的國立中央科學館、果川國立科學館、首爾科學高中及大田科學高中等地也都看得到。（在2006年日本秋田研究所贈送台灣5棵第四代蘋果樹到武陵農場移栽。）

韓國標準科學研究院的蘋果樹

媽媽的嘮叨

　　下課後和同學們在我家社區的空地玩傳接球。

　　「啾——啪！啾——啪！」

　　我真的很喜歡球飛出去被接住、飛出去又被接住的這個聲音。我們一直玩著傳接球，連時間已經過了7點都沒有發覺，突然從上方傳來了媽媽的聲音。

　　「金、勳、東！都幾點了，你還在那裡？媽媽不是跟你說過不要在社區裡玩傳接球嗎？球一不小心打到路過的人的話要怎麼辦？數學習題都做完了嗎？我有說今天要檢查功課的喔！你是不是忘了，你說今天要幫基東用積木做一輛消防車？基東到現在

都還在等你耶！」

　　媽媽從窗戶裡探出頭來嘮嘮叨叨了好一陣子，沒完沒了的嘮叨就像火箭砲對著目標發射一樣，準確地朝我飛過來。

　　哎呀，好丟臉喔！有必要讓整個社區裡的人都聽到嗎？

　　如果媽媽的嘮叨也能像蘋果一樣一下子掉到地上就好了。話說回來，蘋果為什麼會掉到地上呢？我怎麼想都想不通，喔不，是想不通為什麼要提出這種問題。

地球會吸引物體

　　終於到了可以知道答案的時候了，知道蘋果為什麼會掉到地上。

　　老師一走進教室就問：

　　「洙仁，你想好了蘋果為什麼會往下掉嗎？」

　　洙仁支支吾吾地說：

　　「老師，關於這個喔，實際上我怎麼想也不知道為什麼，除了因為蘋果太重掉下來之外，我想不出其他原因。」

　　老師噗哧一笑，為我們說明牛頓對於蘋果為什麼往下掉的解答。

「你們很想知道蘋果為什麼會往下掉到地上吧？那是因為地球把蘋果吸引了過去。地球不只把蘋果吸引過去，還把這些椅子、桌子、橡皮擦、鉛筆，以及我們都吸引住了。」

這到底是在說什麼呀！怎麼會是地球吸引過去的？我馬上舉手發問：

「老師，我沒有被地球吸引過去啊！我也從來沒有被地球吸引住的感覺。」

我一說完，別的同學們也在旁邊幫腔說沒錯。

老師露出頑皮的笑容說：

「是嗎？勳東，請站起來跳跳看，如果你可以浮在半空中的話，一直浮著也沒關係，能往上的話就盡量往上吧。」

老師說這些話是想捉弄我嗎？雖然搞不清楚，但我還是站起來，雙腿併攏先蹦了幾下之後，才噔的一聲跳起來。

「勳東，你跳起來之後為什麼會掉下來？」

「那是因為我既不是魔術師，也沒有翅膀，當然

就會往下掉了。」

　　老師也跟著噔噔跳一邊說著：

　　「是的，這就是地球吸引我們的證據。不然的話，我們大概會往上飄，或是往旁邊移動吧？」

　　聽起來好像說得沒錯，但我還是不能完全理解，因為力量是看不見、也聽不到的。

　　「地球吸引物體的力量，也就是物體承受來自地球的力量，被稱為『重力』。不只是地球會吸引物體，所有物體之間都存在互相吸引的力量，這種互相吸引的力量就叫做『重力』或是『萬有引力』。物體之間雖然互相吸引，但會朝著力量較大的一方移動。我們雖然也吸引著地球，但地球吸引我們的力量更強，所以我們才能把腳踩在地面上。」

　　這時，藝斌指著從窗戶飄進來、在陽光中飄浮的灰塵說：

　　「老師，灰塵不會落在地上，而是像這樣飄來飄去的！難道說灰塵的力量比地球還要大嗎？」

　　「藝斌問了一個很犀利的問題！這是因為移動

的空氣影響灰塵的力量比地球吸引灰塵的力量更大的緣故。如果風靜下來，空氣沒有移動的話，灰塵最後還是會落到地上來。」

聽起來好像是這麼回事，但這樣還是很難理解地球到底是怎麼吸引住我們的？它既沒有手，也不是磁鐵呀！老師可能察覺到我們的困惑吧，於是又重新解釋說：

「世界上有各式各樣的力量，要想驅動力量，可以用手推、用手拋或用腳踢，還可以借用機器。強風也擁有很大的力量、水滴下來也擁有力量。這些力量是和周圍環境接觸之後所產生的力量，所以我們可以用肉眼看到，也很容易理解。但是，地球的引力，也就是重力，是一種自然界的基本力量，啟動這種力量的動作是我們肉眼看不到的，所以比較難以理解。」

這次換成鎮浩用著稍微不服氣的聲音問：

「老師，即使我們不知道重力，生活上也沒有任何問題呀！重力這東西又不是用完就沒有了，真不曉

得這個發現有什麼了不起，有需要認識重力嗎？」

老師搖了搖頭說：

「不知道重力，就無法了解地球、月球和星星是依據什麼原理而移動的。這樣的話，也就沒辦法製造出人造衛星了。沒有人造衛星，我們就會很難預測天氣的變化，通訊也會遇到困難，而且也不可能用手機即時看到國外上傳的影片了。這樣會怎麼樣？不覺得重力對我們的生活有很大的影響嗎？」

萬有引力和重力

物體互相吸引的力量，萬有引力

牛頓的想法不僅止於掉下來的蘋果，他甚至還懷疑這世上所有物體是不是也會互相吸引，因此他才將這種物體互相吸引的力量稱為「萬有引力」。「萬有引力」和「重力」是相同的意思，像蘋果這種體積較小的物體，因為引力小，幾乎察覺不到，但類似太陽、地球、月球等巨大物體，力量就相當大。重力作用的方向通常朝著地心，所以無論在圓圓地球上的哪一個角落，都可以立定站穩。而行星繞著太陽轉、月球繞著地球轉，在這個過程中重力也發揮著作用。

在牛頓發現萬有引力，即重力之前，人們對這種事情為什麼發生、怎麼發生的原因一無所知。幸虧有牛頓，我們才得以理解自然和宇宙之間所發生的各種事情。

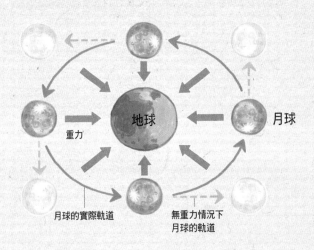

重力

地球

月球

月球的實際軌道

無重力情況下
月球的軌道

重力公平對待每一顆棒球

今天下午我繼續練習擊球。雖然這天我也接連把燦英的球砰砰地擊了出去，但遲遲不敢揮棒擊球的次數更多。好不容易揮出一次球棒，也經常落空；偶爾球被球棒擊中，但我打出去的球也從未飛出內野的範圍過。

「勳東，你要緊盯著飛來的球看，雙腿張開站穩、肩膀放鬆一點！」

無論教練怎麼說，我還是做不出乾脆俐落的擊球動作。雖說能來棒球場我就已經很興奮了，但也經常會因為打不中球而垂頭喪氣。

輪到B隊練習的時候，我們隊可以暫時在陰涼處休息。我一邊喝著飲料，一邊仔細觀看B隊練習。每一顆棒球都會落在地上，不管是界外球、全壘打球，還是短打、長打，除了球飛越的速度和位置、飛在空中的時間略有不同之外，最後球都會落到地上。

　　重力總是發揮著相同的作用，無論是對全壘打打者燦英的球，還是對連一個內野安打也打不出來的我的球——重力公平對待每一顆棒球！

　　一想到重力，我扭曲糾結的心才慢慢地舒展開了。就算燦英的球和我的球都受到同等的重力作用，但實力上的差距還是依然存在。然而，這樣的差距不知道為什麼感覺比平時要縮小了許多。

　　我還以為認識了重力之後能派上什麼用場，沒想到竟然可以安慰到我的心！

　　休息時間結束以後，又輪到我們隊開始練習。今天防守時，我第一次站上左外野手的位置。棒球很少飛到我站的位置，但是偶爾會飛過來一次，球朝著我飛來的時間會比我擔任三壘手時來得要久，

我可以有更多的時間看著飛過來的球，判斷球的落點後再迅速跑過去。當我為了接住球而向前撲倒翻滾時，真的感到非常開心，一點都不覺得痛。我興奮地在場上跑來跑去，下定決心要讓因為重力而掉下來的球，在落地之前先被我的手接住。

其實在地球上，赤道地區和極地地區的重力是不同的。為什麼赤道地區和極地地區的重力作用不同呢？有很多原因，其中之一就是地球的形狀並不是完美的圓形，而是稍微有點長的橢圓形。地心到赤道的距離，會比地心到北極的距離還要長。

物體離地心越近，重力的作用就越大，因此重力在赤道地區會比極地地區稍微減弱，但在實際生活中幾乎察覺不到。

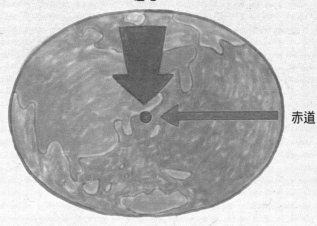

重力作用的方向朝著地心，由於極地更接近地心，所以極地地區的重力較大。

第3章

牛頓，
尋找運動定律

$$E = mc^2$$

$$F \propto m$$

$$F$$

$$F \propto a$$

$$P = \gamma mv$$

$$F = \frac{d}{dt}P = \frac{d}{dt}(mv)$$

物體運動是有規律的

今天金薩克老師也是一臉蒼白地出現在教室裡，不同的地方是，可能因為下雨了，老師的頭髮顯得格外捲曲！其實，如果不是下雨天的話，我們本來是要去操場上課的，真的太可惜了！

「今天我們要學習的是運動，牛頓對運動歸納出了幾個定律。」

科學家竟然會運動，我高興地問老師：

「老師，牛頓也喜歡運動嗎？足球還是棒球？難道是高爾夫球？老師，牛頓生前在他那個時代都做了什麼運動？」

話才說完，老師就一臉困窘地說：

「啊，這個嘛，我想牛頓大概不喜歡運動吧。在他的一生中，做過的事情應該大多就是看書、研究和實驗了吧？我讀過好幾本關於牛頓的書，但從來沒看到描述牛頓喜歡運動的內容。牛頓除了研究沒有別的愛好，他也沒有女朋友、沒有妻子和兒女。令人遺憾的是，好像也沒什麼朋友。」

聽了老師說的話，我突然覺得偉人也沒什麼好羨慕的。

老師又繼續講述有關運動的話題。

「啊，還有今天這堂課要學習的運動是關於物體的運動。」

又來了，大家要體諒金薩克老師是個很「特別」的人。物體怎麼會運動呀？我在學校的科學課時間也學過物體是什麼喔！物體就是有固定形狀、會占據空間的東西，例如磁鐵、石頭、玩具、球、錘子、手機等等。可是，物體怎麼會運動呢？老師像是看穿了我的想法似地，抿嘴笑著說：

「你們呀，是不是在想物體沒有手腳要怎麼運動？在科學裡，所謂的運動是指物體因某種力量而移動或是停止移動。人類可以藉由移動自己的身體來運動，但是物體不能自主運動，所以只能通過外力來運動。勳東，什麼是力量？」

面對突如其來的問題，我結結巴巴地回答：

「力、力量就是我們身體的能量。」

「沒錯，勳東你身上擁有的也是一種力量，但是今天我們要學習的力量是科學裡所說的力量。物體想運動的話，就必須在某個地方接受某種東西的影響，而那個影響就是力量。好，大家看這裡！」

老師拿出1輛玩具小汽車，不但用手推著小汽車讓輪子滾動，還用書本推小汽車、扔橡皮擦試著讓小汽車移動。

「這個玩具小汽車動了動卻又停下來了，對

吧？小汽車是借助各種力量運動的，牛頓主張這種物體的運動中存在幾項定律。也就是說，牛頓把大家都視為理所當然的力量和運動，發展成為科學的重大主題了。」

牛頓的《自然哲學的數學原理》(Principia)

1684年，一位名叫「艾德蒙·哈雷」的天文學家來到劍橋拜訪牛頓。哈雷向牛頓請教，行星為什麼會沿著橢圓形軌道繞行？牛頓答應會整理資料之後寄給他，就送走了哈雷。後來，牛頓寫了一封長達9頁的信件回答了哈雷的問題，哈雷也說服了牛頓出版他偉大的研究成果。在這之前，牛頓並沒有將自己的研究成果輕易公開在世人面前，而最後，牛頓寫了1本分成3冊的書。

這本書就是《自然哲學的數學原理》（Principia），書中包含了萬有引力的定律和在宇宙、自然界中所發生的運動等等。

慣性定律

　　今天「牛頓實驗室」的課程是在操場的田徑跑道上進行的，老師一來就在跑道上貼了一條長長的膠帶，然後帶著我們退後100公尺。

　　「同學們，今天要進行100公尺跑步。」

　　「什麼？上科學課為什麼還要跑步？」

　　當允芝攔著老師提出問題時，老師擺了擺手，搖搖頭說：

　　「嘿，你們該不會以為老師要大家跑步是為了鍛鍊你們的體力吧？我這麼做是有用意的，大家先聽我說。同學分成2人一組跑步，從這裡起跑，跑到

貼膠帶的地方就必須要停下來。不要往前繼續跑，就剛剛好停在膠帶那裡，知道了嗎？」

排在第一組的我和允芝先跑。說到跑步，我有信心！因為練習棒球時，每天的例行公事就是跑步。老師一吹響哨音，我就開始拚命跑。可以感覺到允芝被遠遠落在後面，我像一個田徑選手似地全力衝刺。結果，我雖然比允芝提前抵達，卻沒辦法剛剛好停在終點線上。老師在我停下來的地方貼上有色膠帶做記號。允芝雖然比我晚跑到，但超出終點線的距離卻比我短。

接下來是其他同學們的組隊跑步，有些同學跑得快、有些同學跑得慢；也有些同學超出終點線很遠、有些同學則離得比較近。

老師在同學們停下的地方一一貼上膠帶，然後指著膠帶說：

「老師有說要剛剛好停在終點線上，怎麼班上就沒有一個同學停在這個位置上呢？為什麼會這樣子呢？」

我們一臉茫然地說不出話來，只能靜靜地站在
那裡。然後老師就哈哈笑著說：
　　「我不是在責怪你們啦！大家跑的時候有什麼

感覺，是不是很難準確地停在終點線上呢？」

然後老師突然問我：

「勳東，你有在打棒球一定很清楚吧？是不是經常看到一壘的跑壘者在跑向二壘時，因為很難剛好停在二壘上，所以採用滑壘的方式進壘？也一定有很多人跑到二壘停不下來，衝過了壘包而被判出局的經驗吧？」

「對啊，經常會看到。但因為我很少擊出安打，所以沒什麼經驗。」

我用有氣無力的聲音回答。我說的是事實，因為我很少擊出安打，所以不太有機會上壘。

不過，正如老師所說的，進入二壘或三壘時經常搭配滑壘的動作。在一壘上即使衝過了壘包，只要比球先抵達就不算出局；但是在二壘或三壘上，即使比球先到，但如果衝過了壘包，守備方可以用拿著球的手觸殺跑壘者出局。因此在進入二壘或是三壘的時候，經常會以滑行的方式進壘。啊，我也想多多滑壘。

　　就在我暫時分神想著棒球的時候，老師說了很
重要的話：

　　「我們在終點線上沒辦法一下子就停下來的原
因，是因為『慣性定律』。慣性是物體想維持運動狀
態的一種特性。我們的身體一旦開始奔跑，想要停
下來可沒那麼容易，因為身體想繼續維持奔跑的運
動狀態，所以沒辦法一下子就停下來。」

　　我回想了一下剛才奔跑時的情景，發覺這段話
說得沒錯。我的腦子想準確地停在終點線上，但身
體卻想繼續往前奔跑，所以即使衝過了終點線，我

的雙腳還在自顧自地向前跑。

　　這次老師從口袋裡掏出玩具小汽車放在了地板上面。

　　「怎麼樣，小汽車是靜止的吧？這也是一種慣性，不動的物體會傾向保持靜止的狀態；但是如果像這樣讓它滾動的話，小汽車就會傾向繼續往前滾動。總而言之，所謂的慣性就是靜止中的物體會保持靜止、運動中的物體會保持運動的一種特性。」

　　這時，藝斌舉手發問：

「老師，您說運動的物體會保持運動，可是玩具小汽車為什麼會停下來呢？按照慣性定律，小汽車應該繼續向前滑動才對呀，不是嗎？」

喔，申藝斌！不愧是我們班的王牌。聽了藝斌的提問後，我也感到很好奇。

老師對藝斌豎起了大拇指，然後回答說：

「那是因為一種叫做『摩擦力』的力量，摩擦力會作用在地板和汽車輪胎之間。我們在冰面上很容易滑倒、在沙地上就較少滑倒，原因就在於這種摩擦力。沒有摩擦力的話，物體一旦移動可能就會永遠停不下來。」

仔細想想，「摩擦」這個詞在我學習棒球知識時也曾經聽說過。我好像在一本有關棒球的書裡有看到一個說法，在二壘或三壘滑行上壘是為了利用摩擦力讓自己更容易停下來。

老師又接著說下去：

「就像慣性定律作用在物體的運動一樣，摩擦力也在我們的生活習慣中發揮著類似的作用。譬如

說老師呢⋯⋯，這頭髮型其實是燙出來的。這其實是我第一次燙頭髮，很多人都說很適合我，我自己也覺得還不錯。」

「嗚～！」

我們發出噓聲。但老師一點也不在意被吐槽地繼續說：

「所以等頭髮不捲了，我就又去燙、不捲了又去燙。然後，現在就覺得直髮很彆扭。也就是說，我一直燙頭髮的動作，說不定也像是一種慣性，不是嗎？那大家呢？」

老師才說完，鎮浩馬上說：

「老師，我習慣晚睡晚起，想改也改不了。」

「哈哈，早睡早起有益健康，所以你還是努力改看看吧。洙仁你呢？」

洙仁彆彆扭扭地說：

「我晚上睡覺前一定要吃冰淇淋，就算被媽媽罵，我還是每天吃，就像一旦開始奔馳就停不下來的汽車一樣。」

老師聽了以後，微笑地說：

「其實慣性是指物體運動的一種特性，所以老師燙頭髮的習慣，或鎮浩、洙仁的情況，都是長期養成的習慣，應該叫做『惰性』才對。」

我有什麼長期養成的習慣呢？每次棒球比賽前我就會下定決心──「今天擊不出安打，明天再打就可以，千萬不能洩氣！」我始終在心裡牢記這句話。所以即使今天打不出安打，我就期待明天。當明天成為今天，我還是擊不出安打的話，那我也會期待第二天，這樣我才能高高興興地去棒球場。每天下定的這個決心，如今成了一種習慣，讓我每天都過得很快樂。總有一天，我不僅能擊出安打，還能擊出全壘打吧？

慣性是運動中的物體傾向保持該動作的一種特性，即使在我們搭車的行進途中，也能輕易感受到慣性。

當車子行進途中突然停下來時
與車子保持相同速度行進的人，會因為會繼續前行的特性，而使身體向前傾。

車子停下來又突然出發時
人們會因為要保持停止狀態的特性，即使車子向前行駛，人們的身體卻會向後仰。

加速度定律

　　今天的課後班是我第一次遲到。因為離上課還有一點時間，我決定和媽媽先去看一下牙醫。我的臼齒蛀牙了，我卻沒去管它，結果黑色小洞愈蛀愈大，我才認命接受治療的。

　　真是的，媽媽不知道在八卦什麼，對著護理師們一直喋喋不休。

　　「這孩子，晚上不太刷牙，即使刷牙，也隨便刷兩下就算了。如果是個5歲的孩子，我還可以抱著幫他刷牙，但都長到這麼大了，就沒辦法囉！呵呵，請問有沒有什麼讓孩子好好刷牙的辦法呀？呵呵。」

我扯了扯媽媽的手臂說：

「媽媽，不要在別人前面說我壞話，這種習慣真的很不好。」

媽媽瞥了我一眼。

治療結束後，媽媽開車送我回學校，但她今天又走錯路了，平白繞了一大圈。媽媽老是搞錯要轉彎的地方，明明應該要在郵局十字路口左轉，媽媽卻總是在消防局十字路口左轉。

「媽媽，拜託妳按照導航的指示開車，為什麼每次都會走錯路？」

不料媽媽說：

「就像勳東說的，這大概也是一個壞習慣吧！」

結果我遲到10分鐘才走進課後班教室，但氣氛卻和平常不一樣。

一走進教室，就可以感受到一股濃濃的科學實驗室氛圍。書桌分成了3個學習小組，桌上分門別類放著各種科學實驗的道具。老師的動作也和平時不同，顯得迅速多了。

「這個星期大家都過得好嗎？對了，洙仁，你改掉每晚吃冰淇淋的習慣了嗎？」

老師提起了上一堂課的話題，洙仁不好意思地笑著搖了搖頭。

「今天我們要做幾項實驗，看看不同的力量施加在同一物體上時，物體的速度會有什麼樣的變化。還有，對不同重量的物體施加相同的力量時，觀察該物體的運動速度如何。準備好了嗎？」

實驗 1

用品：玻璃板、有輪子的小車、不同顏色的膠帶、剪刀

①在玻璃板上用膠帶標示推動小車的起始位置。

②把小車放在膠帶標示的位置上用手推動，然後將小車停下的位置用其他顏色的膠帶標示出來。

③這次加大手上的力量推動小車，再將小車停下的位置用不同顏色的膠帶標示出來。

④用比③更大的力量用手推動小車，然後將小車停下的位置再用不同顏色的膠帶標示出來。

「手上的力量愈大，小車會有什麼樣的變化？」

「手上的力量愈大，小車就會滾動得愈遠。」

「那麼手上的力量愈大，小車滾動的速度會怎麼樣呢？」

「手上的力量愈大，小車滾動得愈快。」

「這是因為力量愈強，物體的運動也愈大。」

「對耶，這就和用力投出棒球的話，球就會飛得又快又遠；沒出什麼力氣投的話，球就飛得又慢又近是一樣的道理！」

「沒錯，同一個物體運動時，速度的變化稱為『加速度』。意思就是，當物體受到外力時會產生與外力成正比的加速度。」

「這次我們進行另一項實驗。」

實驗 2

用品：裝了彈簧的木板、有輪子的小車、4個秤砣、剪刀和碼表

①把小車連接到固定有彈簧的木板上。

②將小車拉到木板的尾端之後放開手，用碼表計算小車花了多長時間回到原來的位置。

③先在小車上放一個秤砣，再拉到木板的尾端放開手，用碼表計算小車花了多長時間回到原來的位置。

④依序將小車上的秤砣增加到2個、3個、4個，再分別重複②的過程。

秤砣數	所花時間
1	0：0048
2	0：0060
3	0：0069
4	0：0075

　　「如果是用手施力的話，就很難確定每次實驗時力量是否都相同；但如果使用彈簧的話，每次就可以施加相同的力量。雖然每次彈簧的力量都一樣，但放在小車上的秤砣數量會變化。當秤砣數量變多，小車回到原來位置的時間又有什麼不同呢？」

　　「秤砣愈多，花的時間愈久。」

　　「是的。雖然彈簧拉動小車的力量全都一樣，但小車回到原來位置所花的時間，會隨著秤砣數量的增加而變久。這是因為當力量相同的時候，加速度就會和物體的質量成反比。」

老師又把實驗的內容重新整理了一遍。

「今天的實驗就是牛頓所說的『加速度定律』。
外力愈大，物體的加速度也愈大；但是，物體的質量
愈大，簡單地說就是物體愈重，加速度就愈小。大家
懂了嗎？」

我們反覆咀嚼老師說的話，仔細思考，慢慢地
點了點頭。

而引起我好奇的是，為什麼驗證這種理所當然
的事實，需要用這麼困難又複雜的研究方法。

作用力與反作用力定律

今天「牛頓實驗室」的上課地點是在體育館，我們一走進體育館就大笑了起來。

老師甩著一頭捲髮正在彈跳床上蹦來蹦去！連我們走過來都沒注意到，蹦蹦跳跳看起來非常開心的樣子。

「真受不了老師。老師，該上課了！」

允芝走到老師面前喊了一聲，老師才尷尬地下了彈跳床。可能在我們到達之前老師就已經跳了好一陣子吧，所以臉色潮紅、氣喘吁吁的。老師一面擦汗、一面說：

「啊，對不起。我現在終於知道孩子們為什麼這麼喜歡彈跳床了，真的很好玩！」

看著老師笑得像個孩子一樣，大家都是一臉無奈的表情，我的腦中頓時閃過牛頓是否也像老師一樣這麼天真無邪的想法。

老師指著彈跳床說：

「今天我們邊跳邊玩，很棒吧？鎮浩和勳東先上去跳跳看。」

我和鎮浩一臉困惑地合力爬上彈跳床跳了起來。剛開始幾下跳得小心翼翼的，聽到老師說可以盡情地跳，我和鎮浩就胡蹦亂跳地玩了起來。蹦得太高興了，還不到5分鐘就汗流浹背。

我們下來以後，大家輪流2人一組各自歡樂地蹦跳了5分鐘左右才換下一組。等到所有同學都玩過彈跳床之後，老師才正式開始上課。

「好玩吧？你們一定會很好奇今天怎麼會玩彈跳床？今天我們就來了解牛頓運動定律中的『作用力與反作用力定律』。有沒有人聽到作用力與反作用

力這個詞，就知道我們為什麼要玩彈跳床呢？」

敘俊舉起手說：

「在彈跳床上蹦跳的時候，身體會彈上去又掉下來，所以應該和這個有關係。」

這次換鎮浩說：

「從您讓我們2人一組跳的情況來看，應該是1個人跳和2個人一起跳的樂趣不同吧。」

然後老師說：

「彈跳床是用伸縮彈性非常好的物質製造而成的，所以我們用力往下跳的話，身體會再次往上彈起，跳得愈用力，就會彈得愈高。如果將通過跳躍，身體墜入彈跳床的力量稱為『作用力』的話，這時彈跳床承受身體下墜的力量就稱為『反作用力』。施力物體的力量稱為『作用力』；受力物體作用在施力物體上的力量則稱為『反作用力』。」

還以為這堂課會就此結束，結果老師拿了一個東西過來，看起來就像附有輪子的雪橇一樣。我們玩了一個遊戲，平躺在雪橇上，然後雙腳對著牆壁用

力一蹬，就會朝著牆壁相反的方向被推出去。有的同學被推出去好遠，也有的同學被推出去沒多遠就停了下來。

我們忘了還在上科學課，嘻嘻哈哈玩得很開心。老師讓我們停止遊戲，開始講解。

「現在進行的這個遊戲也是為了探討作用力與

反作用力，當我們用腳蹬牆壁時，牆壁也用同等的力量推我們，通過這種作用力與反作用力的力量，我們就被推了出去。看過游泳選手用腳用力蹬泳池的牆壁讓身體往前移吧？那也是利用作用力與反作用力的力量。那麼，兩股力量的方向如何呢？」

藝斌說：「反方向。」

「是的，作用力與反作用力的方向正好相反。雖然2種力量會同時發生，但方向是相反的。」

聽老師這麼說，我想起了早上和媽媽之間發生的事情。早上她走進我的房間，看到房間裡滿地散落的東西，就開始嘮叨。

「勳東呀，你房間怎麼會亂成這個樣子？連個踏腳的地方都沒有。你又不是小孩子，還要媽媽幫你打掃到什麼時候？」

所以我也對媽媽不服氣地說：

「媽媽，這些東西都是地球用重力吸引到地板上的！不然我們搬家到沒有重力的地方去，這樣東西就不會都在地板上，而會飄浮在半空中，也就沒必

要打掃了！」

媽媽氣呼呼地說：

「叫你打掃房間，你在胡說八道什麼呢？」

「這是在媽媽喜歡的『英才科學B_牛頓實驗室』課堂上學到的內容啊。」

這樣挖苦媽媽，我覺得很過意不去，但「作用力與反作用力定律」似乎也作用在媽媽和我之間。媽媽和我，力量相同，方向卻相反……。

作用力與反作用力

所有的力量都像雙胞胎一樣總有另外一半，雖然力量的大小相同，但作用的方向卻彼此相反。譬如將燃料向後噴發以便向前推進的火箭，也是透過作用力與反作用力的力量來移動的。雖然也有像火箭一樣，可以清楚看到作用力與反作用力的例子，但大多數的情況卻不是這樣。譬如跆拳道中的「擊破」，當手的力量劈向松木板時，松木板也會以同等力量返還給手，所以手其實會很痛。

運動的定律，棒球的定律

　　今天是每月一次棒球比賽的日子。今天對上的是另一個區的兒童棒球隊，我的打擊順序排在第八棒，負責的守備位置則是左外野手。

　　但是在今天比賽的過程中，有一件事情讓我嚇了一跳。我竟然不知不覺地觀察選手們的動作，以及球和球棒的移動，思考是什麼力量在發揮作用。

　　飛出去的球、落地的球、奔跑的力量、停止的力量，在棒球場中發生的事情，簡直像是在複習「英才科學B_牛頓實驗室」裡學到的內容一樣。

　　對了，還有在比賽的時候，我第一次嘗試了滑

壘。自己先被4壞球保送上了一壘，下一位打者擊出短打，我拚命往二壘跑，在適當的地點撲地滑行用手抓住了二壘壘包。正如學習慣性定律時老師所說的那樣，如果以奔跑的狀態跑到二壘的話，就有可能超過二壘而被判出局。

而且，在今天的比賽裡，我總共站上打擊位置3次，第二局被4壞球保送，第四局被三振出局，第六局才終於擊出一支內野安打。

不過，當我擊出安打的時候，球剛被球棒擊中，我的腦海中就浮現了一個想法。

投手投出的球和我揮出的球棒相撞，就是一種作用力與反作用力。球按照慣性定律想要繼續向前飛，我的球棒則想朝著與棒球相反的方向揮去。然而，當彼此碰撞的時候，慣性被打破，球又往飛過來的方向重新飛回去，球棒也稍微被往後推了一下。

該怎麼做才能讓球飛得更遠一點呢？即使是同一位投手投球，有些打者擊出全壘打、有些打者擊出安打、還有些打者則擊出短打。這需要各種技巧，譬

如揮棒時採取什麼樣的姿勢、判斷球的能力有多少等等。但是我覺得最根本的是，我的身體必須擁有力量。

我想起不久前在職棒比賽中所看到的，職棒的某個隊伍選手們在冬季休賽期不知道進行了多麼大量的肌力訓練，全都變成了像浩克一樣有結實肌肉的身材。而那一年那個隊的選手們連續鏘鏘地擊出全壘打，雖然技巧無庸置疑，但果然還是需要以力量為基礎的樣子。

那我是不是也要做點肌力訓練來培養力量呢？

話說回來，據說牛頓是一位和運動老死不相往來的科學家，真不曉得他是怎麼發現運動定律的。

第4章

在棒球場上遇見的
牛頓

光是什麼顏色？

「今天要講解的課程不是運動，而是關於光的主題。」

金薩克老師拿著三稜鏡來上課，就是我在第一堂課得到過的禮物。事實上，我收到禮物回家以後，一次都沒有拿出來看過，所以我感到忐忑不安，深怕老師會問我問題。

在正式上課前，老師問了我們一個問題。

「同學們，光是什麼顏色的呢？」

大部分的同學都回答白色。如果在黑暗的房間裡打開手電筒的話，手電筒的亮光是白色的；從被關

上的門縫裡透進來的光線也是白色的，所以光應該是白色沒錯。

老師給了每個學習小組1個三稜鏡和1張黑色圖畫紙，然後讓光線先通過三稜鏡再出現在黑色圖畫紙上。

「哇，老師！出現彩虹了。」

孩子們對此議論紛紛，似乎感到很神奇。

「是吧？太陽光不是只有一種白色，而是由紅色、橙色、黃色、綠色、藍色、靛色、紫色，好幾種顏色組合而成的。而所謂的紅橙黃綠藍靛紫7種顏色，是指牛頓所說的7種代表色。但是如果仔細觀察的話就會發現，在顏色之間還夾雜著各種顏色。」

「老師，那麼紅橙黃綠藍靛紫是牛頓定義的顏色嗎？不是原本就存在的現象嗎？」

允芝一問，老師就回答說：

「是呀，以前的人也知道彩虹有好幾種顏色，但牛頓是第一個這樣具體將彩虹定義成7種顏色的人。由此可知，牛頓對於光也進行了劃時代的研究，

震驚了全世界。在牛頓之前，人們認為這些顏色是光線通過三稜鏡的時候，在三稜鏡內部產生的，但牛頓卻發現在光線中原本就混合著各種顏色。」

我們不約而同地「嘎！」了一聲。

「但是，牛頓並不打算就此停下來，他又準備了另一個三稜鏡，從通過第一個三稜鏡的色光中，只讓紅色通過第二個三稜鏡。結果透出來的不是紅橙黃綠藍靛紫各種顏色，而是單純地只有一種紅色。於是牛頓發現，從太陽光裡分離而出的單獨一種色光，本身不是混合色，而是單色。而且不只是紅色，其他顏色也一樣。」

藝斌借用隔壁組的三稜鏡，按照老師說的方式，從通過的色光中試著只讓單獨1種顏色通過另一個三稜鏡，但是實驗似乎不是那麼得心應手。

老師露出淺淺的笑容說：

「如果想要得到和牛頓同樣的實驗成果，必須經過比現在更精細的實驗過程。今天老師之所以跟你們講解光，是因為學習歸學習，但我也有話想跟你們說。」

我們全都睜大眼睛望著老師，等著聽他說。或許是因為氣氛突然變得嚴肅起來，老師有點不知所措地清了清嗓子。

「哎呀，也不是什麼大不了的話，就只是想說，你們每個人正以自己獨特的色彩在發光發亮！」

陣陣笑聲此起彼落地傳了出來，老師有點不好意思地又清了清嗓子說：

「雖然太陽光看起來只有1種顏色，但其實裡面混合了好幾種顏色，而這些顏色都是單色，沒有再混合其他的顏色。雖然你們還不知道自己擁有的是

哪種顏色，但你們總有一天也會像那些顏色一樣，自己會有著與眾不同的色彩。我希望你們都能找出自己的顏色，創造美好的未來。」

這時，秀皓大聲說：

「老師，您是不是搞錯了，以為今天是最後一堂課呀？太嚴肅了吧！」

全班哄堂大笑，金薩克老師滿臉通紅。

光線通過三稜鏡會分散成紅色、橙色、黃色、綠色、藍色、靛色、紫色各種顏色。如果讓其中的1種顏色通過三稜鏡，就不會再度出現各種顏色，而是只出現通過的該種顏色而已。由此，牛頓發現單一色光不會再分散出更多的顏色。

牛頓利用光的特性，發明了反射望遠鏡。牛頓因反射望遠鏡的發明而聲名大噪，英國皇家學會對牛頓製造反射望遠鏡的成就給予了高度評價，牛頓因此獲選為英國皇家學會的會員。英國皇家學會成立於1660年，由學者和知識分子所組成，是以振興自然科學為目標的團體。

反射望遠鏡可以幫助我們在不改變影像的情況下觀察影像，所以在黑暗的夜空中觀察星星時，我們經常使用的望遠鏡就是利用牛頓發明反射望遠鏡的原理製造出來的。

最後一堂課

　　今天是金薩克老師「英才科學B_牛頓實驗室」的最後一堂課，今天的課程採取公開上課的方式。

　　雖然我拜託媽媽千萬不要來學校，但媽媽說要看看我有沒有認真上課，所以一定會參加。

　　媽媽課堂開始前就來了，在後面找了個位子坐下來。媽媽的模樣和在家裡看到的時候不太一樣，所以不知道為什麼總覺得有點陌生。因為今天是公開課，才刻意梳妝打扮的嗎？

　　總是紮得緊緊的頭髮也整齊地散了下來，嘴唇也塗得紅紅的，還穿上了偶爾出去吃飯時才會穿的

洋裝，肩膀上甚至背了一個小皮包。看到媽媽和平時不同的模樣，我都不敢正眼看她，所以有點後悔，早知道應該稱讚媽媽一句「好漂亮喔！」如果是基東的話，一定會一直喊「媽媽好漂亮、媽媽最漂亮！」

因為是公開課，金薩克老師也同樣刻意打扮過。老師的頭髮比平時更有光澤、也更捲。而且不停地搓著雙手，好像很緊張的樣子，目光也一直在家長和我們之間來回掃視。

「好，這麼快就到了最後一堂課了，請問各位都做好離開牛頓實驗室的準備了嗎？」

老師說完第一句話，我們都忍不住想笑。在這之前老師跟我們說話一直很隨意，突然變得這麼客氣，大家都覺得尷尬得受不了。

「哎唷，老師就照平常的方式上課吧。」

老師瞥了一眼後方的家長們，小聲地說：

「可、可以嗎？」

這時，教室後方的一位爸爸說：

「老師，請您依照平常的方式上課吧，我們就是

想看平時的樣子才來的。」

　　老師低頭答謝之後，就像平常一樣自然地進行講解。

　　「同學們，這麼快就到了最後一堂課，上個禮拜交代的作業都做好了嗎？」

　　聽了老師的話，同學們紛紛把準備好的作業拿出來放在書桌上。作業其實就是用自己的方法表達到目前為止學到的由牛頓發表之科學常識。老師說，可以是上課內容的摘要，也可以給大家看自己製作

的實驗道具，或者用唱歌、跳舞、畫圖、寫字來表達也可以。

藝斌利用線和珠子，製作了展現作用力與反作用力的實驗道具。她甚至把在家裡做實驗的內容仔細記錄在實驗筆記本裡帶過來，讓老師和同學們都大吃一驚。其實沒什麼值得驚訝的，因為藝斌從一開始就是我們班的王牌。

洙仁小心翼翼地展開對摺的圖畫紙，然後害羞地開始發表：

「我覺得自己晚上吃冰淇淋的習慣，就像停不下來的汽車一樣，和慣性有關。為了打破睡覺前吃冰淇淋的慣性，我寫了幾個方法：第一個方法，一吃完晚飯就刷牙以便消除食慾，睡覺前再刷一次牙。第二個方法，請爸爸媽媽一看到冰箱裡有冰淇淋就全部清理掉。第三個方法，如果還是非常非常想吃的話，就吃一粒冰塊。」

老師、同學甚至連後方的家長們都笑了起來，洙仁滿臉通紅地彎腰鞠躬後就趕緊坐下來。

允芝帶了一封寫給牛頓的信來，讀給大家聽。

「致　牛頓叔叔

叔叔，您好！我透過課後班學到了牛頓叔叔發現的科學定律，而且也讀了牛頓叔叔的傳記。叔叔，您好像過得太孤單了，小時候似乎也被寂寞和孤獨團團包圍

住。當然，也因此您才會更加埋首在研究中。長大以後，您除了研究，都不做什麼其他的事情，看起來好可憐。聽說，您經常會因為忙於研究連飯都忘記吃！如果我認識叔叔的話，我就會去陪您說說話了，真可惜。您留下的偉大成就其實到現在我還是一知半解。對我來說，我很難理解您為什麼會對那些事物感到好奇，並且加以研究，我只想更開心地享受人生。如果將來有一天我們有機會認識，我們再一起去投幣式K歌房、一起打電玩吧！我想讓牛頓叔叔知道，這世上有好多令人開心的事情。那麼，在那天到來之前，希望您一切安好。」

允芝一讀完信，老師就鼓起掌來。

「允芝的想法真是難能可貴，老師學習牛頓二十多年來，從來沒想過要向牛頓介紹一個歡樂的人生。妳比老師好，還會為牛頓著想。」

允芝聽到老師的稱讚，開心的咧嘴一笑。

鎮浩把〈百位韓國之光的偉人〉歌詞改編成我們上課時學到的內容，唱了一首歌。

同學們的發表都結束後，最後輪到我了。和做了許多準備的同學們相比，我覺得自己的內容有點缺乏誠意，所以不好意思拿出來。

　　「勳東，你準備了什麼？」

　　我這才扭扭捏捏地從書包裡拿出棒球來。我把棒球表面分成7個部分，然後分別塗上紅色、橙色、黃色、綠色、藍色、靛色、紫色，其中藍色塗的面積比其他顏色要來得多。

　　我把球放在手掌上說：

　　「我從上堂課學到光的性質中得到了啟發，我非常喜歡棒球，但其實我打得不太好。雖然還有很多不足之處，但因為我想成為一個擁有個人技術、個人色彩的棒球選手，所以就像這樣塗了顏色。我覺得藍色是我專屬的色彩，只把藍色塗得比較寬，是因為我現在所屬的棒球隊名稱是『藍熊』。嘿嘿，不管怎樣，金薩克老師，非常謝謝您教給我這麼有趣的課程。」

　　雖然有點害羞，但因為這些話出自我的真心，

所以並不覺得丟臉。當我坐下時，就聽到後方傳來
格外熱烈的掌聲，雖然沒有回頭看，但那肯定是媽
媽鼓掌的聲音。

我的第一個二壘安打

　　也許是因為我在最後一堂課上發表的內容，最近媽媽的抱怨少了很多。以前每次洗棒球球衣時，媽媽總是不耐煩地抱怨：「怎麼會這麼髒？唉唷，洗都洗不乾淨！」

　　但最近就算是看到髒兮兮的球衣，媽媽竟然會說：「看來今天防守得不錯喔？滑壘也滑了很多次吧？」擺出一副很懂棒球的樣子。

　　託牛頓的福，我才能在媽媽的鼓勵下打棒球！其實對媽媽來說，現在吃虧的是她才對。當初是為了讓我少去練習棒球才建議我去上課，結果看到了

我的真誠，反而開始為我加油。

嘿嘿，今天是我的棒球生涯中歷史性的一天，因為我第一次擊出了二壘安打。而且，令人驚訝的是，打分甚至追平比數，這對我來說也是初次體驗。

6局下半，這是最後一局了；分數3比2，是我們這隊落後。在一人出局的情況下，一壘和三壘有人。對方的投手是在兒童棒球中以快速球聞名的宋民碩選手，在這麼重要的時刻怎麼偏偏輪到我呢！萬一我擊出雙殺打的話，比賽就會輸掉了。我真想逃跑！

對方球隊似乎已經勝券在握，在選手休息區大聲歡呼著準備跑出來。我們隊上好像也不抱什麼特別的希望了。

教練拍了拍我的屁股，然後說：

「勳東，肩膀放鬆，放寬心打。」

我鼓起勇氣把棒球頭盔重新戴好，然後站在擊球區，勻平泥土、站穩雙腳。

咻！第一個球飛了過來。好球！速度快得連聲音都讓人感到恐懼。

咻！第二個球飛了過來。好球！這次也是在眨眼間就飛過來，我都來不及揮棒。

　　第三個球和第四個球都是壞球，我重新打起精神來。呼～，長長地呼出一口氣，晃了晃肩膀放鬆力量、踩了踩泥土再次站穩，雙腿用力，再把球棒舉到肩膀上方。吸了一口氣之後，閉氣。球飛過來了，咻！我目不轉睛地盯著球看，「就是現在！」的念頭一起，我揮出球棒。噹！球和球棒發揮了作用力與反作用力的力量。被球棒擊中的球遠遠地飛了出去，我一把甩掉球棒，飛速跑了起來。

在我前面原本站在三壘的跑壘者，腳上像是裝了馬達一樣飛快地跑回來踩上本壘。而原本在一壘的跑壘者跑上了三壘，我則拚命往二壘跑。我看到外野手正把球投向二壘，我在球落入二壘手的手套之前，手伸直撲地滑壘。安全上壘！

　　這一揮棒讓局面變成同分，我擊出了二壘安打，拉平比數。我後面的打者也擊出安打，最後由我們隊伍獲勝，這真是比任何時候都有價值和令人興奮的勝利。

　　我看到媽媽蹦蹦跳跳地拍手鼓掌。

　　雖然今天終於擊出第一次決定性的打點，但我依然不是一個棒球打得很好的選手。我把簽字筆和棒球放在書桌上，就是牛頓班最後一堂課發表時展示的那個棒球。我把塗得很寬的藍色部分再分成幾個部分塗上各種顏色。

　　曾經連科學的「科」字都討厭的我，在學習了牛頓之後，閱讀了牛頓的傳記。也許世界上還有很多我不知道的有趣事情，有點擔心自己是不是因為棒

球而錯過了其他有趣的事情。

　　但這並不表示以後我就不打棒球了，對我來說，棒球仍然是最重要的。

　　不過，現在就將我的色彩決定是藍色，似乎為時過早。所以我決定，還是多找找自己可以表現的顏色之後再決定吧！

離開故鄉之後，牛頓一直在劍橋大學以學生和教授的身分進行研究。

沒想到後來他卻沉迷於研究煉金術。煉金術就像變戲法一樣，可以用鐵或銅等廉價金屬製造出黃金，牛頓花了幾年的時間埋首在這個不著邊際的研究裡。牛頓之所以沉迷煉金術，並不是因為他貪戀黃金，而是想用科學的方法證明煉金術是否實際可行。

牛頓在1699年成為英國管理貨幣的造幣局局長，當時英國的貨幣是用金或銀製成的硬幣，因此就有一些人會將硬幣的邊緣刮下來，想藉此圖利。

牛頓成為造幣局局長之後，就將硬幣邊緣刻成鋸齒狀。凡是沒有鋸齒的錢都無法使用的情況下，刮下硬幣鋸齒的人也逐漸減少。所以直到現在，硬幣邊緣還是呈鋸齒狀。

牛頓成了英國皇家學會主席，並且因為過去的成就受到肯定，獲得英國女王授予騎士爵位。後來，他於84歲時去世。

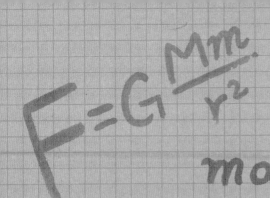

$$F = G\frac{Mm}{r^2}$$

$$m \propto 1/a$$

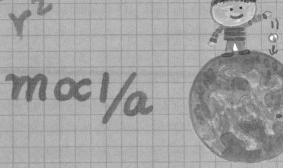

$$\lim_{v \to 0} \sqrt{1 - \frac{v^2}{c^2}} = 1$$

聰明學習

各種力量

$$E = mc^2$$

$$F = ma$$

力與運動

何謂力量？握緊拳頭看看，感覺到力量了嗎？用腳用力踢球看看，球是不是砰的一聲飛得遠遠的？

我們每個人都擁有力量，所以我們可以移動物體或是改變物體的形狀。

科學上所說的「力」不僅僅指通過人體肌肉迸發的力量，物體移動或形狀改變都是因為力。靜止的樹葉飛起來、滾動的球停下來、水的流動都是因為力在發揮作用。

像這樣依靠某種力量促使物體移動或改變狀態的事情，稱為「運動」，所以力與運動總是像搭檔一樣相提並論。也就是說，凡是有力的地方，就會有物體的運動；當物體在運動時，就一定是因為某種力的作用。

有哪些不同的力量隱藏在我們的四周呢？

摩擦力

摩擦力是在2個物體的接觸面之間阻礙物體運動的力量。摩擦力的作用方向通常和物體的運動方向相反,摩擦力大的話,物體運動會較難;摩擦力小的話,物體運動較為容易。

如果沒有摩擦力,物體一旦開始移動就不會停下來。但是因為摩擦力無處不在,所以不會發生這種事情。不管球怎麼滾動,最後還是會因為摩擦力而停下來。

摩擦力會隨著物體表面的狀態而有所不同,表面愈粗糙摩擦力愈大,表面愈光滑摩擦力愈小。如果拿沙地和冰面做比較,表面光滑的冰面會因為摩擦力小,而更容易滑倒。

塗層手套 手掌的部分附帶突起以增加摩擦力,有助於在握住物體時不至於會輕易滑掉。

防滑道路 將道路表面鋪設得很粗糙以增加摩擦力,促使汽車減速。

滑冰 為了讓與冰面接觸的表面保持平滑,會盡可能減少摩擦力,所以冰面上很容易滑倒。

火柴 表面弄得粗糙以增加摩擦力,摩擦力高才容易摩擦起火。

溜滑梯 表面平滑以減少摩擦力,滑梯呈傾斜狀,讓人能輕鬆滑下來,並且感到有趣好玩。

汽車軸承 利用表面光滑的鋼珠儘量減少摩擦力,讓汽車可以省力地移動。

彈力

如果把橡皮筋拉長後放手，橡皮筋很快就會恢復原狀吧？像橡皮筋或彈簧一樣想要恢復原狀的特性，就叫做「彈性」。具有彈性的物體想要恢復原狀時所出現的力量，就稱為「彈力」。

彈簧秤 在彈簧秤下面掛上物體，彈簧被拉長後根據彈簧拉長的長度，就能知道物體的重量。

彈跳床 一種利用彈性材質製作的遊戲器具，用腳出力下壓，隨著向下伸展的布料迅速恢復原狀，身體會砰地向上彈起。

握力器 利用彈簧所具有的彈性，訓練握力的器具。

利用彈性的運動

撐竿跳 利用竿子的彈性，可以跳得很高。

射箭 借助弓弦的彈性，箭會向前飛出去。

足球 利用球體本身彈性的一種運動，不只是足球，大部分球類運動都是利用球體的彈性。

112

浮力

「浮力」是指物體放入水中時向上浮起的力量，所以沉入水中的物體都會承受浮力的作用。沉入水中的物體表面積愈大，浮力也愈大。

浮力是古希臘科學家阿基米德（西元前287年？～西元前212年）發現的。阿基米德還在世時，當時的希臘國王命令一名工匠以純金製造一頂王冠，工匠把完成後的王冠帶過來，國王卻懷疑裡面混合了白銀，因此國王就要求阿基米德弄清楚王冠是否為純金打造的。國王交給工匠的純金和工匠製作的王冠，重量完全相同，阿基米德不知道該如何辨別而感到十分煩惱。

後來有一天，阿基米德進入浴缸打算洗澡，就在他把身體沉入裝滿水的浴缸時，看到水溢了出來，突然大喊一聲「Eureka！（我找到了！）」。

阿基米德準備了一個和王冠同樣重量的純金塊，先在碗裡裝滿水，再把王冠放入水中，計算溢出的水量；接著在同一個碗裡再次裝滿水，放入純金塊後，也計算溢出的水量，結果發現從王冠溢出的水量更多。

由於金是一種密度很大的物質，如果混合了其他物質製成相同的重量，體積就會變大，阿基米德就是利用這點找出真相。

電力

電力是帶電物體之間所產生的一種力量，電力有正（＋）電荷和負（－）電荷，同類的電荷會相斥、異類的電荷會相吸。電力的廣泛使用讓我們的日常生活更加便利，我們經常使用的電器用品就是使用電力的器具。

收音機　　　　　　果汁機　　　　　　電熨斗

微波爐　　　　　　檯燈　　　　　　電視機

吸塵器　　　　　　洗衣機　　　　　　電冰箱

磁力

磁力，簡單地說就是磁鐵的力量。由於這是一種磁鐵和金屬，或是磁鐵和磁鐵之間所產生的力量，所以會互相排斥或互相吸引。磁力有S極和N極，同極會相斥、異極會相吸。電力和磁力是自然界中的基本力量。

磁浮列車 磁浮列車是利用磁力的特性製造而成的列車，利用同極相斥的性質推動列車在鐵軌上懸浮移動。因為沒有輪子而是懸浮在鐵軌上移動的緣故，所以晃動和噪音都很小。

磁條 存摺背面有一道黑色長條，稱之為「磁條」。磁條上塗有磁粉，儲存了各種資料，因此如果有磁鐵靠近磁條的話，裡面儲存的資料就有可能會遺失。

羅盤 地球是一個巨大的磁石，北端是S極，南端是N極。羅盤則剛好相反，北端朝著N極，南端朝著S極。

監修者的話

　　物理學源於古希臘的自然哲學，旨在理解人類與自然。無論是芝諾的悖論，還是亞里斯多德的運動學，都是古希臘哲學家們努力尋求真相的結果。今天，我們所理解的物體運動定律，始於伽利略對自然的理解，然後由牛頓的運動定律所繼承。

　　牛頓的運動定律基於慣性、力和加速度、作用力與反作用力3個定律。牛頓根據這樣的運動定律，發現了一種作用在具有質量的物體之間的力量，也就是重力，他將這種力量命名為「萬有引力」。「萬有引力」這個名稱是因為在當時對自然界力量一無所知的情況下，這是一種會作用在任何有質量的物體之間的力量，基於這是所有物體都具有的力量，牛頓才使用了「萬有引力」這樣的說法。

　　雖然物理學是許多學生深感興趣的領域，但是在他們開始學習牛頓分析物體運動的運動學之後，會發現非常難以理解。因為運動定律太過抽象，只

有在現實生活中充分練習過的人才能看出定律的細微差別。而解決這個難題的方法，就是利用學生們在日常生活中熟悉的例子來解釋運動定律。

《牛頓的萬有引力：從蘋果掉落啟發了運動定律》這本書並不是簡單地描述物理概念，再輔以幾個例子參考；而是通過「勳東」這個在我們周圍隨處可見的孩子之日常生活，從孩子們很容易就能接觸到的事例裡，選出幾個物理概念加以說明。在故事主角的日常生活中找到與自己相近的題材，對於孩子們認為很難的物理概念，可以更有效地幫助他們提升與其親近、學習的意願。

雖然本書是針對小學生，但是我相信不只能幫助剛接觸物理學的學生們，也能幫助喜歡物理學卻難以理解的學生們輕鬆學習物理概念。不僅如此，如果有家長想給孩子們介紹符合孩子程度的物理學概念的話，我會推薦這本書。

首爾科學高中物理教師　高俊台

國家圖書館出版品預行編目 (CIP) 資料

牛頓的萬有引力：從蘋果掉落啟發了運動定律/
朴柱美著、李恩周繪、高俊台監修；游芯歆譯.
-- 初版. -- 臺北市：臺灣東販股份有限公司,
2023.12
120 面；16.7×22.5 公分. --
ISBN 978-626-379-135-0(平裝)

1.CST: 物理學 2.CST: 引力

330   112018353

牛頓的萬有引力

從蘋果掉落啟發了運動定律

2023 年 12 月 1 日初版第一刷發行

作　　者　朴柱美
繪　　者　李恩周
監　　修　高俊台
譯　　者　游芯歆
編　　輯　吳欣怡
美術編輯　黃郁琇、許麗文
發 行 人　若森稔雄
發 行 所　台灣東販股份有限公司
　　　　　＜地址＞台北市南京東路4段130號2F-1
　　　　　＜電話＞(02)2577-8878
　　　　　＜傳真＞(02)2577-8896
　　　　　＜網址＞http://www.tohan.com.tw
郵撥帳號　1405049-4
法律顧問　蕭雄淋律師
總 經 銷　聯合發行股份有限公司
　　　　　＜電話＞(02)2917-8022